BEI GRIN MACHT SICH IHR WISSEN BEZAHLT

- Wir veröffentlichen Ihre Hausarbeit, Bachelor- und Masterarbeit

- Ihr eigenes eBook und Buch - weltweit in allen wichtigen Shops

- Verdienen Sie an jedem Verkauf

Jetzt bei www.GRIN.com hochladen und kostenlos publizieren

Bibliografische Information der Deutschen Nationalbibliothek:

Die Deutsche Bibliothek verzeichnet diese Publikation in der Deutschen National-
bibliografie; detaillierte bibliografische Daten sind im Internet über http://dnb.d-
nb.de/ abrufbar.

Impressum:

Copyright © 2010 GRIN Verlag, Open Publishing GmbH
Druck und Bindung: Books on Demand GmbH, Norderstedt Germany
ISBN: 9783640659654

Dieses Buch bei GRIN:

http://www.grin.com/de/e-book/153707/zugangsformen-fuer-den-unterrichtsbeginn-
der-unterrichts-einstieg

Fabian Zilliken

Zugangsformen für den Unterrichtsbeginn: Der (Unter-richts-) Einstieg

GRIN Verlag

GRIN - Your knowledge has value

Der GRIN Verlag publiziert seit 1998 wissenschaftliche Arbeiten von Studenten, Hochschullehrern und anderen Akademikern als eBook und gedrucktes Buch. Die Verlagswebsite www.grin.com ist die ideale Plattform zur Veröffentlichung von Hausarbeiten, Abschlussarbeiten, wissenschaftlichen Aufsätzen, Dissertationen und Fachbüchern.

Besuchen Sie uns im Internet:

http://www.grin.com/

http://www.facebook.com/grincom

http://www.twitter.com/grin_com

Seminararbeit

Zugangsformen
für den Unterrichtsbeginn
Der (Unterrichts-) Einstieg

Seminararbeit im Fach Mathematik
an der Pädagogischen Hochschule Karlsruhe zum Seminar:

„Didaktik der anwendungsbezogenen Mathematik"

Im und zum Sommersemester 2010

Vorgelegt von

Fabian Zilliken

Pädagogische Hochschule Karlsruhe
Studiengang: GS / HS
Schwerpunkt: HS
Fächerwahl: Musik (HF), Technik (LF), Mathematik (AF)
Homepage: http://www.zilli-project.de

Baden-Baden, Juli 2010

Inhaltsverzeichnis

1. Der (Unterrichts-) Einstieg - ein allgemeiner Überblick

In dieser Seminararbeit befasse ich mich ausschließlich mit den Zugangsformen für einen Unterrichtsbeginn, - den (Unterrichts-) Einstieg. Nahe und eng verwandte Termini, die sich unter anderem mit den sog. *„Stundeneröffnungsritualen"* auseinandersetzen, waren und sind nachwievor nicht Gegenstand dieser Ausarbeitung, da sie - auch wenn sie an die Thematik angrenzen und teilweise punktuell in sie überführen - einen anderen unterrichtlichen Rahmen abdecken, den es in einer separaten Auseinandersetzung abzuhandeln gilt.

1.2 Begriffsaggregation zum (Unterrichts-) Einstieg

Beschäftigt man sich im Allgemeinen mit einer x-beliebigen Thematik und deren Wissenschaft, so stellt man binnen kurzer Einlesephase in das Thema fest, dass jede Autorin und jeder Autor zu einer gegebenen Begrifflichkeit noch ihre bzw. seine eigene formuliert - allein wohl deswegen, weil sie / er der Meinung ist, dass lediglich ihr / sein Begriffsfundus die Thematik erst so richtig gut beschreibt - lassen wir sie in ihrem Glauben. Denn was dabei ganz in Vergessenheit gerät, ist, dass sich hierdurch Begrifflichkeiten über Begrifflichkeiten im Laufe der Zeit ansammeln, da man davon ausgehen muss, dass sich nicht nur eine Person einmalig mit einer Sache auseinandergesetzt und diese in Form eines Buches auf den Markt „geschmissen" hat. Was uns Leserinnen und Lesern letztlich davon übrig bleibt, sind „Begriffsurwälder", durch die wir uns erst einmal mit der Machete durchschlagen müssen, um zum eigentlichen Oberbegriff zu gelangen, der irgendwann als „der" Oberbegriff schlechthin offiziell auserkoren wurde... wie der des „(Unterricht-) Einstiegs". Auf dem Weg dorthin stoßen wir im Dickicht immer wieder auf neuartige Begriffe, die - wenn man sie genauer betrachtet - von ihrem begrifflichen Erscheinungsbild zwar anders in Erscheinung treten, aber inhaltlich ein und dasselbe bedeuten. Werfen wir nun zu Beginn einmal einen Blick auf das, was uns die Literatur bezüglich des (Unterricht-) Einstiegs hergibt...

Aktivierungsphase	*Einführung*	*Stundeneinstieg*
Aneignungsphase	*Einstieg*	*Stundeneröffnung*
Anfang	*Eröffnung*	*Stundeneröffnungsritual*
Anfangsstadium	*Methodischer Gang*	*Unterrichtseinstieg*
Anwärmphase	*Ritual*	*Unterrichtsschritt*
Auftakt	*Schritt*	*Verlaufsform*
Aufwärmphase	*Start*	*Veröffentlichungsphase*
Ausgangspunkt	*Stufe*	*Vorbereitungsphase*
Beginn	*Stufenschemata*	*Zeremonie*

Im Folgenden möchte ich nur kurz und knapp einige allgemeine Beispiele für (Unterrichts-) Einstiege auflisten, wie sie im heutigen Schulalltag immer wieder vorkommen. Auf einige dieser werde ich im weiteren Verlauf dieser Ausarbeitung auch noch genauer eingehen.

Anwesenheitskontrolle	*Kopfrechnen*	*Standpauke*
Aufgabenformulierung	*Lehrervortrag*	*Stille*
Fragestellung	*Loben / Tadeln*	*stiller Impuls*
Gegenstandsidentifikation	*Problemformulierung*	*Streitgespräch*
Hausaufgabenkontrolle	*Rollenspiel*	*Stundeninhaltsverkündung*
Heftkontrolle	*Singen eines Liedes*	*Wiederholung*

Der Unterrichtseinstieg ist die Visitenkarte des Lehrers - sie zeigt, wer er ist, was er kann und was er will! [1]

„Der Unterrichtseinstieg ist - wie der Name sagt - dazu da, den Schülern den Einstieg in ein neues Thema bzw. eine neue Lernaufgabe zu erschließen. Er ist sozusagen das ‚Tor', durch das der Schüler in die neue Lern-Landschaft hinauswandert, oder die ‚Hefe', die den angerührten Teig zum Aufgehen bringt." [2]

Der **(Unterrichts-) Einstieg** zählt als feststehender Begriff zu der zusammengehörigen Gruppe unterrichtsmethodischer Fachbegriffe, die sich mitunter auf den zeitlichen Ablauf eines jeweiligen Unterrichts beziehen. Er *(in diesem Fall der Unterrichtseinstieg)* tituliert in seiner eigentlichen Bedeutung einen bzw. den zeitlichen Arbeitsschritt *(der Lehrperson)*, einen Abschnitt, eine Stufe oder Phase des unterrichtlichen Geschehens - *„[...] in diesem Falle den ersten."* [3] Eine thematische Trennung der genannten Begriffe relativiert sich durch deren einheitliche Grundbedeutung, da sie allesamt eine und dieselbe Funktion innehalten, die dieser Unterrichtsschritt - wenn man ihn so betiteln vermag - in der im Vorfeld stattfindenden Unterrichtsplanung einnimmt. *„Man könnte [lediglich] begrifflich und inhaltlich zwischen dem ‚Stundeneinstieg' und dem ‚Einstieg in ein neues Thema' unterscheiden [aber darum geht es im Folgenden nicht] [...] [Mir] geht es im Folgenden also sowohl um Stundenanfänge, wie auch um Einstiege in größere Themenkomplexe."* [4]. *„Aber was ist ein Unterrichtsschritt? In erziehungswissenschaftlichen Lexika und Kompendien werden Sie vergeblich*

---

[1] Vgl. **Meyer**, 2006, S. 13
[2] **Meyer**, *UnterrichtsMethoden II: Praxisband*, S. 122
[3] ebd.
[4] ebd.

nach einer Definition suchen. Was ein Unterrichtsschritt ist, wird als bekannt vorausgesetzt. Deshalb die folgende - keineswegs ironisch gemeinte - Arbeitsdefinition: Ein Unterrichtsschritt ist das, was der Lehrer dafür hält." [5] Unterrichtsschritte sind in ihrer Abfolge linear verknüpft, von ihren Übergängen betrachtet fließend und von ihrem wahrscheinlichen Eintreffen entweder versehentlich eingetreten oder geplant. Eine jede Lehrerin und ein jeder Lehrer muss sich im Vorfeld eine Vielzahl von Gedanken für die Durchführung ihrer / seiner Unterrichtsstunde machen. Dazu gehört auch, die Phrasierung des Unterrichtsablaufs *(= Stufen-, Phasenkonzeption)*, anhand dieser die Lehrperson ihren Unterrichtsablauf in Schritte, Stufen und Phasen gliedert. *„Die Regeln, nach denen diese individuellen Phrasierungen vorgenommen werden, sind nirgendwo genau festgelegt. Sie werden im Folgenden als 'Verlaufsformen des Unterrichts' bezeichnet und von den in der Theorie entwickelten Stufen- und Phasenkonzeptionen abgegrenzt."* [6] Die Verlaufsformen bilden das zeitliche Strukturgerüst des Unterrichtablaufs und dienen zur Verzahnung aller alleinigen Unterrichtsschritte, von denen der (Unterrichts-) Einstieg der erste aller Schritte ist. Obwohl sich jede Lehrperson ihre individuellen Verlaufsformen und Strickmuster ganz nach ihrer eigenen Persönlichkeit und eigenen Vorstellungen konstituiert, kommen sie (bzw. sollten sie) allesamt um die Unterrichtsmethode *(wenn man das in diesem Fall so betiteln darf)* des (Unterrichts-) Einstiegs nicht drum herum. Ein Unterricht, in seiner vollendeten Form, ist - wie auch eine musikalische Komposition - dreigeteilt. Er besteht aus einer Einleitung, einem Hauptteil und zu guter Letzt einem Schluss. Die „Introduction" [7] (= Einleitung, Eröffnung) ist in der Musik ein kurzer Instrumentalsatz, der einem Hauptsatz (Hauptteil) vorangeht. Vergleicht beziehungsweise überträgt man diese Definition auf den Unterricht, so folgt nach dem Unterrichtseinstieg (Introduction), der eigentliche Unterricht. Dem anschließend folgen (wenn man es abermals musikalisch betrachtet) sogenannte Zwischen- und Hauptsätze - das wären im Falle der Unterrichtsbetrachtung die einzelnen Unterrichtsschritte - deren Abschluss im Outro (Outroduction [8] = Ausleitung, (Ab-) Schluss) endet, das den letzten Teil eines musikalischen Werkes oder den Stundenabschluss betitelt. Wie in der Musik, wird auch in der Pädagogik diese Komposition (Strickmuster) einer Unterrichtsstunde zu einem „[...] fest verinnerlichten Bestandteil des eigenen Methodenrepertoires." [9]

---

[5] **Meyer**, *UnterrichtsMethoden I: Theorieband*, S. 129
[6] ebd., S. 133
[7] Anmerkung: Introduction, englisch = Einführung, Einleitung, Vorstellung
[8] Anmerkung: Outroduction, englisch = Ausleitung, (Ab-) Schluss
[9] **Meyer**, *UnterrichtsMethoden I: Theorieband*, S. 133

Betrachtet man heute aus der Sicht einer Schülerin oder eines Schülers die Unterrichtsstunden, die deren täglichen Stundenplan füllen etwas genauer - und zwar punktuell am Gesichtspunkt des Lehrerverhaltens - so lassen sich in Bezug auf die Stundeneröffnung (hier der Unterrichtseinstieg) immer wieder gleiche und in abgewandter aber verwandter Form wiederkehrende Muster erkennen. Das Fabrikat „Lehrer" des einundzwanzigsten Jahrhunderts aus der Baureihe „Schule", greift im Regelfall (Ausnahmen nicht mit inbegriffen) auf altbewährte stark ritualisierende Muster zurück, mit deren „Hilfe", er den durchaus wichtigen Schritt des (Unterrichts-) Einstiegs, weder auf die Klasse angepasst noch deren Situation gerecht, kurz und knapp über die Bühne bringt, ohne dabei viel Aufwand zu betreiben... um herauszufinden, wie hoch der Motivationspegel der Schülerinnen und Schüler bei solch einer Lehrperson ist, müssten wir uns zunächst einmal die negativen Zahlen auf der Skala eines Thermometers im Bereich der sibirischen Kälte betrachten...

Selbstverständlich gibt es auch andere Typen vom Fabrikat „Lehrer", die dies deutlich besser machen und durch ihre Eigenkreativität schon von der ersten Sekunde an ein vielseitiges Interesse der Schülerinnen und Schüler wecken, sowie für deren Motivationssteigerung einen enormen Teil beitragen.

Schauen wir aber zunächst einmal zurück, wie sich die Eröffnungsrituale im Laufe des „historischen Formwandels" entwickelt haben:

Das Morgengebet

„Früher [so heißt es,] begannen viele Lehrer den Unterricht mit dem Morgengebet und einem Kirchenlied. Ich glaube kaum, daß den Schülern und auch den Lehrern dabei sonderlich feierlich zu Mute gewesen ist - aber ein markantes Signal war gesetzt, mit dem die körperliche und geistige Umorientierung der Schüler vom lauten Schulhofbetrieb zur sachbezogenen Unterrichtsarbeit eingeleitet wurde." [10]

Guten Morgen, Kinder!

„[...] [wieder eine Zeit später] trat an die Stelle des Gebets das mit kräftiger Stimme vorgetragene und mit Dompteursblick geleitete ‚Guten Morgen, Kinder!' " [11]

---

[10] **Meyer**, UnterrichtsMethoden II: Praxisband, S. 195
[11] ebd.

So! ...

„Die letzte Schwundstufe in diesem Erosionsprozeß von Eröffnungsritualen ist mit den heute üblichen Kurzeröffnungen ,So!', ,Seid ihr soweit!', ,Können wir anfangen!' erreicht." [12]

Der offene Unterrichtsbeginn

„Es gibt [...] Lehrer, [...], [die] kommen in die Klasse, setzen sich ans Pult, beginnen auf dem Pult zu räumen und sind in den ersten Minuten offen für all die vielen kleinen Sozialkontakte, die an einem Schulvormittag zwischen Lehrer und Schülern erforderlich sind [...]. [...] [Hieraus] wird dann erst einige Minuten später der offizielle Start des Frontalunterrichts oder aber die Fortführung der Gruppen- und Stillarbeit eingeläutet." [13]

Rein prinzipiell hat sich an der Thematik des (Unterricht-) Einstiegs nichts verändert. Er dient nachwievor - auch wenn er (der Unterrichtseinstieg) mit einer langen Liste an gleichbedeutenden Begriffen immer auf das ein und selbe hinzielt - zur Eröffnung des Unterrichts bzw. der jeweiligen Unterrichtsstunde. Lediglich an Kreativität hat sie zugenommen... auch wenn so manche schwarzen Schafe immer wieder meinen, das Gegenteil beweisen zu müssen.

Je anspruchsvoller ein (Unterrichts-) Einstieg gestaltet und letztendlich realisiert wird, desto bedeutend wichtiger ist das Verhältnis zwischen Lehrperson sowie den Schülerinnen und Schülern.

---

[12] **Meyer**, *UnterrichtsMethoden II: Praxisband*, S. 195
[13] ebd.

- ## 2. Die Aufgaben und Funktionen des (Unterricht-) Einstiegs

2.1 Die Aufgabe und Funktion des (Unterricht-) Einstiegs in der Theorie

Ein (Unterrichts-) Einstieg soll das neue (Stunden-) Thema (oder z.b. das Thema der Unterrichtseinheit, o.ä.) für die Schülerinnen und Schüler auf- oder erschließen. „*In [einer Vielzahl verschiedener] [...] didaktisch-methodischen Literatur wird diese Grundfunktion der Erschließens in eine Reihe von Teilfunktionen aufgeschlüsselt.*" [14]

Im Folgenden beziehe ich mich sinngemäß auf didaktische Lehrwerke von *Roth (1963, S.124-128), Stöcker (1970, S. 319-324), Aschersleben (1974, S. 31-33), Grell (S. 1979, S. 134-171), Klingenberg (1982, S. 319-322), Prange (1983, S. 169-183), Wagenschein (1975, S. 14f.), Greving und Paradies (1996)*

Der (Unterrichts-) Einstieg soll... :

☑ ... „*[...] mit unmittelbarer oder mittelbarer Hilfe des Lehrers - die Schüler für das Thema [vorbereiten] und das Thema den Schülern erschließen.*" [15]

☑ ... ein Problemaufwurf / -formulierung darstellen

☑ ... bei den Schüler/innen Problembewusstsein für das neue Thema wecken

☑ ... bei den Schüler/innen (eine) Fragehaltung(en) hervorrufen / wecken

☑ ... ein vielseitiges Interesse bei den Schüler/innen wecken

☑ ... die Schüler/innen neugierig machen

☑ ... die Aufmerksamkeit der Schüler/innen auf das neue Thema lenken

☑ ... die Schüler/innen auf etwas Neues vorbereiten und hinführen

☑ ... zum Kern der Sache / des Themas führen und zentrale Aspekte ansprechen

☑ ... den Schüler/innen eine Orientierung über das neue Thema bzw. das handelnde Erproben von Sach-, Sinn- und Problemzusammenhängen ermöglichen

☑ ... die Schüler/innen über den von der Lehrperson geplanten Unterrichtsverlauf informieren

☑ ... den Schüler/innen das nötige Informationsinput geben, was zur nachfolgenden Erarbeitung notwendig ist

☑ ... eine lernförderliche Stimmung herstellen bzw. erschaffen

☑ ... die Vorkenntnisse und -erfahrungen zum Thema in Erinnerung rufen

☑ ... Bekanntes mit Neuem verknüpfen

---

[14] **Meyer**, *UnterrichtsMethoden II: Praxisband*, S. 122
[15] ebd., S. 123

☑ ... eine Vernetzung von Ergebnissicherung und Neuanfang leisten

☑ ... eine Orientierungsgrundlage für die Lösung einer neuen Aufgabe schaffen

☑ ... die Verantwortungsbereitschaft der Schüler/innen wecken

☑ ... die Schüler/innen zum aktiven Wahrnehmen, Mitplanen und -reden animieren

☑ ... eigene Erlebnisse, Phantasien und Erfahrungen zum neuen Thema seitens der Schüler/innen mit einbinden

☑ ... ggf. die Schüler/innen provozieren

☑ ... ggf. vertraute und liebgewonnene Situationen verfremden

Der (Unterrichts-) Einstieg kann... :

☑ ... die Schüler/innen über den geplanten Verlauf informieren

☑ ... den Schüler/innen einen genauen Orientierungsrahmen geben

☑ ... auf Vorerfahrungen der Schüler/innen anknüpfen

☑ ... eine Verbindung von alten zu neuen Inhalten herstellen (Altes mit Neuem vernetzen)

☑ ... das Verständnis und die Notwendigkeit des Zusammenarbeitens aufzeigen

☑ ... den Schüler/innen zu Selbsterfahrungen innerhalb der Gruppe verhelfen

☑ ... das Selbstvertrauen der Schüler/innen stärken und ihnen Sicherheit im Umgang mit anderen Klassenkameradinnen und Kameraden geben

☑ ... den Schüler/innen einen handlungsorientierten Umgang mit dem neuen Thema ermöglichen und diesen fördern

Wolfgang Klafki schildert den Prozess des (Unterricht-) Einstiegs als eine Art *„doppelseitige Annäherung"* [16], bei der *„[...] das Thema so aufbereitet werden [muss], daß die Schüler in den Stand versetzt sind, es möglichst selbsttätig anzueignen; andererseits sollen sich auch die Schüler auf das Thema zubewegen; sie sollen neugierig und kribbelig auf das werden, was da auf sie zukommen könnte."* [17] Genauso gut kann es aber vorkommen, dass nicht die Lehrperson den Prozess des Unterrichtseinstiegs übernimmt, sondern dass dies von Seiten der Schülerinnen und Schüler passiert, indem sie *„[...] selbst einen Einstieg in das neue Thema erarbeiten [...]"* [18] wodurch die Lehrperson „entlastet" und lediglich die Lernprozessmoderation übernimmt. Genau in diesem Fall, wenn der (Unterrichts-) Einstieg von den Schülerinnen und Schülern vorgenommen wird, verdeutlicht dies umso mehr die *„[...] Schwäche vieler Vorschläge und Konzepte für den Unterrichtseinstieg, die in der*

---

[16] Vgl. **Klafki**, 1963, S. 44 und S. 134
[17] **Meyer**, *UnterrichtsMethoden II: Praxisband*, S. 123
[18] ebd.

allgemeinen und fachdidaktischen Literatur gemacht werden." [19] Hierbei ist das Problem, dass diese Art von Unterrichtseinstiegen - solange sie von den Lehrerinnen und Lehrern übernommen werden auch lediglich von ihnen und deren gedachten Thematik ausgehen und nicht von Seiten der Schülerinnen und Schüler gedacht werden. Wird aber *„[...] der Einstieg vom Schüler aus gedacht [...], wird er gut!"* [20]

2.2 Die Aufgabe und Funktion des (Unterricht-) Einstiegs in der Praxis

Betrachtet man der Theorie nachstehend die Realität und die eigentliche Praxis, muss und wird man schnell feststellen, dass so schön alles Geplante auch zu sein vermag, es im Regelfall nicht so eintrifft, wie man es im Voraus geplant hat oder letztendlich eben gerne hätte. Dass ein immens großer Unterschied an *„didaktisch überfrachteten Unterrichtseinstiegen, die in Prüfungsstundenentwürfen und didaktischen Materialien angeboten werden [...] [zu] den in langen Jahren der Unterrichtspraxis eingeschliffenen Stundeneröffnungen besteht [...]"* [21] liegt auf der Hand. Hierzu ist immer wieder zu beobachten, wie angehende Junglehrerinnen und Junglehrer vollends didaktisch überfrachtete (Unterrichts-) Einstiege in ihren sowieso schon vollgestopften Unterrichtverlauf (-splan) mit „hineinwursteln" - hierfür auch noch ein utopisch knappes Zeitmaß ansetzen - und zu guter Letzt, den in langen Jahren der Unterrichtspraxis eingeschliffenen Stundeneröffnungen hohen Hauptes kontrastieren... und wie erwartet glanzvoll scheitern! Durchaus nachvollziehbar, muss man sagen!

Allein am Gesichtspunkt der Motivation aufgreifend, kann man als Lehrperson in keinster Weise mit seinem Unterrichtseinstieg so lange vor der Klasse ausharren, bis auch der oder die letzte Schüler/in vollends motiviert und bei der eigentlichen Sache sind. Genauso utopisch erscheint es, *„[...] sämtliche relevanten Vorkenntnisse der Schüler zu ermitteln und dann auch in der Einstiegsphase zu reaktivieren."* [22]

Im Grunde genommen gibt es drei Typen von Lehrpersonen in Bezug auf die Umsetzungsdauer des (Unterricht-) Einstiegs. Zunächst derjenige, der sich vor die Klasse stellt und auf jegliche Motivationsshow verzichtet und ohne lang zu zögern sofort zur Sache kommt sowie den Schülerinnen und Schülern das Thema schnurstracks auf die Nase bindet und förmlich aufzwingt. Dagegen steht der ruhigere und eher gelassenere Typ, der sich erst einmal ein Bild von der Klasse macht, um sich nach deren Empfinden zu erkunden, um dann nach diesem oder weiteren kleineren Exkursen mit deutlicher Verzögerung als sein Vorgänger - aber *„[...] dafür in aufgeräumter*

---

[19] **Meyer**, *UnterrichtsMethoden II: Praxisband*, S. 125
[20] ebd.
[21] ebd.
[22] ebd.

Atmosphäre, mit der eigentlichen Unterrichtsarbeit [...]" [23] beginnt. Der letztere ist der, der ganz auf den (Unterrichts-) Einstieg verzichtet. Meines Erachtens muss jeder Lehrer die für ihn bessere Methode auswählen, mit der er und vor allem auch seine Schülerinnen und Schüler erfolgreich arbeiten und lernen können. Die einen brauchen eben ihre Aufwärmzeit, die anderen bevorzugen den Kaltstart und manche machen sich das Leben einfach nur leicht.

Des Weiteren lassen sich erneut zwei verschiedene Lehrpersonen unterscheiden - diesmal in Hinblick auf die Vorgehensweise des (Unterricht-) Einstiegs. Während die eine vom Allgemeinen auf das Besondere schließend, ein deduktives Verhalten an den Tag legt und *„[...] mit begrifflich-abstrakten Vorklärungen, [...] Gesetzesformulierungen oder Grundstrukturen [...]"* [24] förmlich nur um sich wirft, wird die andere vom Besonderen auf das Allgemeine schließend, d.h. induktiv vorgehen und anhand von *„[...] Beispielen, Fällen, Anwendungsbezügen o.ä. beginnen."* [25]

Zu guter Letzt lassen sich abermals zwei unterschiedliche Typen von Lehrpersonen unterscheiden, die sich bezüglich der Themenbetitelung deutlich kontrastieren. Wenn es dem einen darum geht, durch ein gelenktes Gespräch, Raten und Spekulationen seitens der Schüler das Stundenthema so lange geheim zu halten, bis ein Schüler das Thema erkannt hat, um es an der Tafel festzuhalten, vergnügt sich die andere damit das Thema mit einem oder auch mehreren knappen Wörtern - im besten Fall noch weiterten Informationen - ohne großen Aufwand an die Tafel zu „kreiden".

Letztendlich liegt es an der Lehrerin oder dem Lehrer, welche (Lehrer-) Typen für ihn die richtigen sind - zudem es auch immer auf den Unterrichtsinhalt und -gehalt ankommt. Mal bleibt Zeit, um die Einstiegsphase auszudehnen, ein anderes Mal ist es durch die Fülle an Stoff es nicht anders möglich, die schnelleren Methoden zu übernehmen.

Neben den auf das Thema spezifisch ausgerichteten (Unterrichts-) Einstiegen, gibt es aber auch neutrale bzw. unspezifische Einstiege, die größtenteils auch gerade wegen ihrer Neutralität zum eigentlichen Thema so gut funktionieren. *„Solche Einstiege haben eher die Aufgabe, den Seelen, Körper- und Pausenschutt beiseitezuräumen, der den ‚eigentlichen' Beginn der Arbeit [...] [ansonsten behindern würde]."* [26] Beispielsweise wäre hier *„das übende Wiederholen, das Vokal- oder Geschichtszahlenabfragen [sowie] das Singen eines Liedes [...]"* [27] zu nennen. Dass (Unterrichts-) Einstiege allzusammenfassend der Disziplinierung, Modellierung und Ruhigstellung der Schülerinnen-

[23] **Meyer**, *UnterrichtsMethoden II: Praxisband*, S. 125
[24] ebd.
[25] ebd.
[26] ebd., S. 128
[27] ebd.

und Schülerkörper (nicht deren Kopf) dient, scheint nun nachvollziehbar. Somit ist neben der Erschließungsfunktion - wie zuvor dargelegt - die Funktion des Disziplinierens als eine der hervorstechenden Funktionen zu betrachten. *„Solange die institutionellen und curricularen Rahmenbedingungen des Unterrichts ein sinnlich-ganzheitliches, selbsttätiges und ansatzweise selbstbestimmendes Lernen der Schüler über weite Strecken unmöglich machen, kann auf die Disziplinierungsfunktion und auf die Ritualisierung des Unterrichtseinstiegs kaum verzichtet werden."* [28]

---

[28] **Meyer**, *UnterrichtsMethoden II: Praxisband*, S. 128-129

3. Didaktische Merkmale von (Unterrichts-) Einstiegen

3.1 Didaktische Merkmale guter (Unterrichts-) Einstiege

Dass die theoretisch entwickelten didaktisch-methodischen Ansprüche nicht immer mit den praktischen Arbeitsbedingungen kongruent sein können, haben die letzten zwei Kapitel an durchaus signifikanten Faktoren verdeutlicht. Es bleibt den Lehrer/innen und Lehrern also nicht viel mehr übrig, als spontan zu sein, auf die jeweilige Situation der Klasse zu reagieren und immer wieder Kompromisse - auch mit sich selbst - zu schließen. Demzufolge sind die im Vorfeld mehr oder minder „negativ" angesprochenen Beispiele für (Unterrichts-) Einstiege nicht als durchweg schlecht zu beurteilen. Kriterien sind wie die Theorie nicht immer mit der Praxis in einen harmonischen Einklang zu bringen und *„[...] dürfen [...] [definitionsgemäß] nicht mit der Wirklichkeit selbst verwechselt werden. Sie sind vielmehr der Maßstab, an dem [...] [Unterrichtseinstiege] beurteilt werden können."* [29] Hilbert Meyer hat im Nachstehenden fünf Kriterien für die Planung und Beurteilung von Unterrichtseinstiegen aufgestellt.

Im Folgenden beziehe ich mich auf die Hilbert Meyerschen Kriterien für die Planung und Beurteilung von Unterrichtseinstiegen (Hilbert Meyer, UnterrichtsMethoden II: Praxisband, Cornelsen, 2006, S. 129)

1. Kriterium:

„Der Einstieg soll den Schülern einen Orientierungsrahmen vermitteln"

Durch das Schaffen eines Orientierungsrahmens wird den Schülerinnen und Schülern von Seiten der Lehrperson verdeutlicht, wie diese das neue Unterrichtsthema aufgreifen und behandeln möchte. Hierzu gehören Themenumfang, -Aspekte und -dimensionen. Ebenso sollten mögliche Erarbeitungsverfahren und Methoden aufgezeigt werden, mit denen die Schülerinnen und Schüler an die neue Thematik herangehen können. Der Orientierungsrahmen dient dem Vertraut machen der Zielvorstellungen der jeweiligen Unterrichtsstunde und erleichtert den Schülerinnen und Schülern das Einstellen und Herangehen an das Thema - gerade wenn hierzu noch lehrerunterstützende Mittel wie ein kurzer Tafelanschrieb (lediglich Stichwörter) oder ein Arbeitsblatt parat sind. Hierdurch fällt es den Schülerinnen und Schülern erheblich *„[...] leichter mitzudenken, mitzuplanen und zu kontrollieren, was im*

---

[29] **Meyer**, *UnterrichtsMethoden II: Praxisband*, S. 129

weiteren Unterrichtsverlauf passiert." [30] Kurz gesagt: Es wird die Verbindlichkeit der Arbeit gesichert. Wenn der Orientierungsrahmen nicht allein auf einer kognitiven Ebene basiert, sondern die Orientierung *„[...] zu einer ganzheitlichen, sinnlich-anschaulichen und / oder schüleraktiven Einführung genutzt [wird] [...]"* [31], steht einem erfolgreichem Unterrichtseinstieg anhand dieses Kriteriums nichts mehr, als deren eigentliche Umsetzung von der Theorie in die Praxis im Wege.

2. Kriterium:

„Der Einstieg soll in zentrale Aspekte des neuen Themas einführen"

Das zweite Kriterium besagt, dass das *„zum Kern der Sache kommen"* [32] wie mit dem Schlüssel-Schloss-Prinzip zu vergleichen ist. Wie der Schlüssel ins Schloss so sollte auch der (Unterrichts-) Einstieg *„[...] ins Zentrum des Sach-, Sinn- oder Problemzusammenhangs führen."* [33] Um durch den (Unterrichts-) Einstieg in zentrale Aspekte des neuen Themas einzuführen, bedarf es wie gewöhnlich einer Portion Motivation auf Seiten der Schüler, die nicht irreführend auf kleine Nebensächlichkeiten, sondern auf die wesentlichen Merkmale des neuen Thema gelenkt werden. Man tut als Lehrperson den Schülerinnen und Schüler keinen Gefallen - man verärgert sie vielmehr - wenn man zur Themeneröffnung auf für sie hochinteressante und motivationsfördernde Details verweist, die letzten Endes mit dem Thema nicht mehr viel gemeinsam haben. Demnach fühlen sich die Schülerinnen und Schüler *„[...] vom Lehrer verschaukelt und getäuscht [...]"* [34]. Zusammenfassend lässt sich sagen, dass nur ein guter (Unterrichts-) Einstieg ins Zentrum führt und die eigentliche Schlüsselszene die ist, *„[...] von der aus das ganze neue Lerngebiet erschlossen werden kann."* [35] Kurz gesagt: Hierbei geht es um das, was in der bildungstheoretischen Didaktik als das Exemplarische, Elementare oder Fundamentale signifiziert wurde.

---

[30] **Meyer**, *UnterrichtsMethoden II: Praxisband*, S. 129
[31] ebd., S. 131
[32] ebd.
[33] ebd.
[34] ebd.
[35] ebd.

3. Kriterium:

„Der Einstieg soll an das Vorverständnis der Schüler anknüpfen"

Wie aus der Pädagogik bekannt ist, fordert sie die Schülerinnen und Schüler dort abzuholen, wo sie stehen - sei es am Ende einer Schulstufe oder lediglich zu Beginn einer Unterrichtsstunde. Die Aufgabe der Lehrperon ist es, das Vorverständnis der Schülerinnen und Schüler zu beachten und thematisch daran anzuknüpfen. Unter dem Begriff Vorverständnis sind *„[...] Vorkenntnisse, Einstellungen, Interessenlagen und Haltungen der Schüler zu verstehen, die ihr Denken, Fühlen und Handeln im Unterricht steuern."* [36] Nebenbei zählen hierzu auch die emotionalen Aspekte, mit denen die Lehrerinnen und Lehrer täglich konfrontiert werden - auch diese müssen berücksichtigt werden. Des Weiteren sind noch folgende Aspekte zu beachten.

Der Lehrer soll... :

☑ ... sich auf die Vorkenntnisse der Schüler beziehen

☑ ... sich auf die Sprache, die Denk- und Weltbilder der Schüler beziehen

☑ ... sich in die Handlungslogik der Schüler hineindenken

☑ ... ein Unterrichtsklima schaffen

4. Kriterium:

„Der Einstieg soll die Schüler disziplinieren"

Das vorletzte Kriterium dient der Herstellung einer disziplinierten Arbeitshaltung. Wie bereits erwähnt, hat der (Unterrichts-) Einstieg im Allgemeinen *„[...] die Aufgabe, die Schüler in eine disziplinierte Arbeitshaltung zu bringen und Motivations-, Frustrations- und Pausenschutt beiseitezuschieben."* [37] Auch wenn viele Lehrerinnen und Lehrer diese Einstiegsmethode zumeist verdrängen, liegt das lediglich daran, dass sie selbst nicht genau wissen, *„[...] was unter ‚Disziplin' [der Schülerinnen und Schüler] zu verstehen ist."* [38]

Die Arbeitshaltung der Schülerinnen und Schüler - so wie sie die Lehrerinnen und Lehrer nennen - setzt sich aus einer zweigeteilten Disziplin zusammen. Eine davon ist die, die wir als Lehrer immer förmlich präsentiert bekommen sowie

---

[36] **Meyer**, *UnterrichtsMethoden II: Praxisband*, S. 132
[37] ebd., S. 133
[38] ebd.

beobachten können - die äußere Disziplin. An ihr lässt sich die „[...] ruhige, sachbezogene, manchmal auch neugierig-aufgeregte Bereitschaft [...]" [39] ausmachen. Dagegen kontrastiert die innere Motivation, die lediglich aus dem Verhalten den Schülerinnen und Schüler zu erschließen ist. Sie „[...] bezeichnet die innere Ruhe, Spannung und Neugier, das Sich-Öffnen gegenüber dem neuen Thema." [40]

Das Ziel des Lehrers ist es, die Fremddisziplin - also die, die von ihm selbst ausgeht - in die Selbstdisziplin auf Seiten der Schülerinnen und Schüler ineinander überzuführen. Erst dann, wenn die Schülerinnen und Schüler eine eigens sachbezogene Arbeitshaltung einnehmen, ist es der Lehrperson möglich, ihre Schülerinnen und Schüler zu einer selbstständigen und mündigen Arbeitshaltung zu befähigen, die auf ihrer Selbstdisziplin aufbaut. „Selbstdisziplin bezeichnet die Fähigkeit der Schüler, sich durch eigene Kraft auf das Thema der Stunde einzustellen und sich weder durch unerwartete Schwierigkeiten noch durch äußere Ablenkungen davon abbringen zu lassen." [41]

5. Kriterium:

„Der Einstieg soll den Schülern möglichst oft einen handelnden Umgang mit dem neuen Thema erlauben"

Das letzte Kriterium soll den Schülerinnen und Schülern einen aktiven Umgang mit dem neuen Thema ermöglichen. Das bedeutet, dass sie das neue Thema „[...] an sich selbst erfahren und erproben können." [42] Hierbei ist es wichtig, dass die Schülerinnen und Schüler praktisch tätig sind und auf ihre Art und Weise herausfinden, inwiefern das neue Thema für sie interessant erscheint, was sie daran interessant finden, wo sie ihre Stärken und möglichen Schwächen sehen, wo sie etwas Neues erlernen können oder wo sie Neues an Vertrautes anknüpfen können. Hilbert Meyer betitelt diese Phase als „Selbst-Erproben-Können". Wer meint, dass hierbei die Lehrperson völlig in den Hintergrund des Geschehens der Schüler tritt, der irrt. Bei manchen Themen bedarf es neben der Schüleraktivität auch einer Lehreraktivität, wenn es darum geht, mögliche Umgangsformen vorzumachen. Auch hier muss der Lehrer folgende Kriterien beachten.

---

[39] **Meyer**, *UnterrichtsMethoden II: Praxisband*, S. 133
[40] ebd.
[41] Vgl. **Bohnsack** u.a., 1984, S. 401
[42] **Meyer**, *UnterrichtsMethoden II: Praxisband*, S. 133

Der Lehrer soll möglichst oft... :

☑ ... vorspielen, vormachen, vorsingen

☑ ... dramatisieren, experimentieren, zerlegen und zusammensetzen

☑ ... Modelle, Landkarten, Friese, Wandzeitungen, Collagen anfertigen

☑ ... Experten ins Klassenzimmer holen, zu Experten gehen und das Klassenzimmer verlassen

☑ ... verfremden, provozieren, vernebeln

☑ ... anschaulich machen, vergrößern, vergröbern, überspitzen, verballhornen und verdrehen

Kurz gesagt: *„Alle methodische Kunst liegt darin beschlossen, tote Sachverhalte in lebendige Handlungen rückzuverwandeln, aus denen sie entsprungen sind: Gegenstände in Erfindungen und Entdeckungen, Werke in Schöpfungen, Pläne in Sorgen, Verträge in Beschlüsse, Lösungen in Aufgaben, Phänomene in Urphänomene."* [43]

Ziel des handlungsorientierten Unterrichts ist die offene Unterrichtssituation, *„[...] die das genaue Gegenteil der frustrierenden ‚Leere-Blatt-Situation' darstell."* [44] Nichts ist für die Schülerinnen und Schüler frustrierender und Motivationsraubender als ein großes leeres weißes Blatt Papier, eine unbeschriebene Tafel und unstrukturierte Anforderungen von der Lehrperson. Kreativität lebt von Anregung - und die kommt von beiden Seiten, nicht nur schülerzentriert.

Selbstverständlich ist nicht auszuschließen - und damit muss die Lehrperson immer rechnen, dass es *„[...] bei entsprechenden Schülereinstellungen und Lernvoraussetzungen auch immer wieder passieren [kann], daß die Informationen über den neuen Inhalt statt der erhofften Motivation und Neugier eher Desinteresse und Langeweile [...] oder gar aggressive Ablehnung [...] hervorruft."* [45]

Hilbert Meyer fasst seine fünf Kriterien mit lediglich einem Satz zusammen, indem es heißt: *„Der Unterrichtseinstieg dient der Reduktion von Komplexität - er macht das neue Thema für den Lehrer und die Schüler griffig und bearbeitbar."* [46]

---

[43] **Roth**, *Die originale Begegnung als methodisches Prinzip*, in Roth, 1963, S. 116
[44] **Meyer**, *UnterrichtsMethoden II: Praxisband*, S. 134
[45] ebd., S. 131
[46] ebd., S. 129

- ## 4. Beispiele für (Unterrichts-) Einstiege

In der Praxis lassen sich fünf Gruppen von (Unterrichts-) Einstiegen kategorisieren

1. Kategorie:

„Der konventionelle (Unterrichts-) Einstieg"

Der konventionelle (Unterrichts-) Einstieg weist in vielen Praxisfällen eine zu starke Lehrerzentriertheit auf, d.h. der (Unterrichts-) Einstieg wird von dem Intellektuellen (= Lehrperson) selbst geleitet.

Beispiele:

- Die übende Wiederholung

Bei der übenden Wiederholung wird das, was in der letzten Stunde behandelt wurde, erneut aufgegriffen. Es ist *„[...] rein quantitativ betrachtet, die allerwichtigste Einstiegsform."* [47] Wiederholungen bilden eine geradlinige Fortsetzung zum Letzten. Hilbert Meyer vergleicht die übende Wiederholung deshalb auch mit einem *„[...] Fortsetzungsroman, bei dem ja auch jeweils eine Kurzinformation über den bisherigen Romanablauf vorausgeschickt wird."* [48] Um alle Schülerinnen und Schüler - schwache wie auch starke - über den gesamten Unterrichtseinstieg der Wiederholung hinweg aktiv bei der Sache zu behalten muss der Lehrer...

- ... dafür sorgen, dass die Wiederholung zu keinem Disziplinierungsritual wird, bei dem er stetig die Schülerinnen und Schüler darauf hinweisen muss, konzentriert bei der Sache zu bleiben
- ... dafür sorgen, dass für nahezu alle Schülerinnen und Schüler das Interesse und die Neugier für das Thema geweckt sind
- ... versuchen, die Wiederholung konstruktiv und kreativ zu gestalten, um die Schülerinnen und Schüler mit phantasielosen Formulierungen nicht zu langweilen, sodass gute wie auch schwache Schüler durchweg Interesse zeigen

---

[47] **Meyer**, *UnterrichtsMethoden II: Praxisband*, S. 134
[48] ebd., S. 135

- *... tote Sachverhalte in lebendige Handlungen rückzuverwandeln, aus denen sie entsprungen sind [...]."* [49]

- ... versuchen, ggf. einen beabsichtigten Fehler einzubauen, den die Schülerinnen und Schüler zu finden haben

- Die Hausaufgabenkontrolle

Die Hausaufgabenkontrolle ist wie das zuvor genannte Beispiel ebenso eine übende Wiederholung. Ihr Einsatz ist dann für die Schülerinnen und Schüler als wertvoll zu betrachten, wenn die Hausaufgaben im Vorfeld so gestellt wurden, sodass sie zielgerichtet auf das neue Stundenziel hinsteuern. Um die Hausaufgabenkontrolle zu einer relativ „kurzen" Wiederholungsphase werden zu lassen, muss der Lehrer...

- ... dafür sorgen, dass sie nicht durch zu viele Schülerfehler, die für die Themenfortsetzung benötigte Zeit in Anspruch nehmen und so die Lehrperson zu einer „*[...] längeren Wiederholung und Richtigstellung zwingen."* [50]

- ... dafür sorgen, dass undisziplinierte Schülerinnen und Schüler nicht die Überhand gewinnen und durch Langeweile und nicht gemachter Hausaufgaben die anderen Schülerinnen und Schüler stören

- Der informierende Unterrichtseinstieg

Wie bereits erwähnt, ist es die Aufgabe der Lehrperson, die Schülerinnen und Schüler über die geplanten Unterrichtsinhalte der jeweiligen Stunde zu Beginn zu informieren - sei es unter Einbezug eines Tafelanschriebs oder einer mündlichen Verkündung. Ähnlich wie im Unterrichtverlaufsplan kann dies via Zeitleiste gehandhabt werden, an dem sich die Klasse dann die Unterrichtsstunde entlanghangelt. So wissen Lehrperson wie auch Schülerinnen und Schüler stets, wo sie sich befinden und woran sie sind. Gleiches gilt für „Zuspätkommer". Der Lehrer soll...

---

[49] **Roth**, *Die originale Begegnung als methodisches Prinzip*, in Roth, 1963, S. 116
[50] **Meyer**, *UnterrichtsMethoden II: Praxisband*, S. 135

- ... den Schülerinnen und Schülern ohne Umwege das Thema der Stunde verkünden
- ... den Schülerinnen und Schülern sagen, was sie zu tun haben
- ... den Schülerinnen und Schülern mitteilen, was sie vom Lösen der ihnen gestellten Aufgabe haben - wovon sie ggf. profitieren und einen Lernzuwachs erzielen können

2. Kategorie:

„Der sinnlich-anschauliche (Unterrichts-) Einstieg"

Der sinnlich-anschauliche (Unterrichts-) Einstieg ist vorranging darauf ausgerichtet, über kognitive Information das neue Thema an ausgewählten Beispielen zu veranschaulichen.

Beispiele:

- Das Interview

  Bei einem Interview besteht die Möglichkeit, durch das Einladen eines sog. Experten (Eltern, Fachleute, Lehrer, Politiker u.a.) ein neues Thema einzuläuten, wobei anfangs die Schülerinnen und Schüler die Möglichkeit haben, all das zu fragen, was sie interessiert und sie vielleicht auch schon immer wissen wollten. Da sie in diesem Fall eine andere Bezugsperson als den alltäglich bekannten Lehrer vor sich haben, ist ihre Aufmerksamkeit, Konzentration und vor allem Motivation erheblich höher als gewohnt. Bei der Auswahl des Themas und des Experten sollte der Lehrer...

  - ... darauf achten, dass das Thema für die Schülerinnen und Schüler ansprechend - d.h. aus ihrer Lebenswelt gegriffen - und nicht völlig abwegig und fremd ist

- Die Reportage

  Bei einer Reportage haben sich in Absprache ein oder auch mehrere Schülerinnen und Schüler zusammen mit der Lehrperson in ein neues Thema eingearbeitet, dass sie wie „[...] nach dem Muster [...]

[einer] Rundfunk-Reportage [...]" [51] der Klasse präsentieren. Wie auch schon zuvor beim Interview dürfen hier Experten zur Ausarbeitung mit hinzugezogen werden, die dem Thema einen weiteren und ansprechenden Gehalt verleihen. Sollte dies einen zu großen zeitlicher Aufwand darstellen, können genauso Zeitungsartikel, Fernsehreportagen, Radiointerviews o.ä. zur Themenaufbereitung herangezogen werden, die dann im Plenum der Klasse analysiert und ausgewertet werden. Der Lehrer sollte...

- ... darauf achten, dass die Neugier, das Interesse und genauso die Fragehaltung der Schülerinnen und Schüler durch diese Themenstellung geweckt und konstant aufrecht gehalten werden

- Die thematische Landkarte

Bei einer thematischen Landkarte reicht schon eine *„[...] einfache, ohne große zeichnerische[s] Talent ausgeführte Zeichnung [...]"* [52] aus, die den Schülerinnen und Schülern *„[...] wie eine Speisenkarte [...]"* [53] vorgelegt werden kann, über die die Schülerinnen und Schüler differenziert ihre eigenen Interessen verbalisieren können. Der Lehrer sollte...

- ... darauf achten, dass die ausgewählte Zeichnung einen informativen Überblick über das Thema preisgibt, Anreize schafft sowie interessant (auch witzig) für die Schüleraugen wirkt
- ... darauf achten, dass die ausgewählte Zeichnung auf die Schülerinnen und Schüler zugeschnitten ist und deren Alter gerecht wird

- Die Spottbilder - Comics, Cartoons und Karikaturen

Sinn und Zweck der sog. Spottbilder ist es ein Problem (hier ein themenbehaftetest) *„[...] komprimiert, provokativ und zumeist auch witzig-ironisch auf den Punkt zu bringen."* [54] Ähnlich wie bei der thematischen Landkarte soll das Interesse und die Aufmerksamkeit

---

[51] **Meyer**, *UnterrichtsMethoden II: Praxisband*, S. 137
[52] ebd., S. 138
[53] ebd.
[54] ebd.

der Schülerinnen und Schüler durch eine Zeichnung auf sich gelenkt werden. Der Lehrer sollte...

- ... darauf achten, dass das Thema durch Komik, Witz und Humor teilverfremdet wird und in seinem Gesamtbild die Schülerinnen und Schüler auf das eigentliche Thema hinführt
- ... darauf achten, dass das Spottbild nicht nur rein optisch betrachtet, sondern auch akustisch interpretiert wird

- Der Lehrfilm

Im Zeitalter der stetig voranschreitenden Medientechnik gibt es heute nahezu zu jedem Thema eines x-beliebigen Schulfaches sog. Lehrfilme. Meist veranschaulichen sie in einem kurzen Beitrag all die wesentlich relevanten Informationen, die die Schülerinnen und Schüler zum Themeneinstieg benötigen. Selbstverständlich gibt es gute wie schlechte Filme, die einerseits zu wenig vom Thema preisgeben, an der Thematik völlig vorbeifilmen oder genau das Gegenteil - also viel zu viel - zeigen, sodass der eigentlich eingeplante Gesprächsstoff nur geringfügig bis gar nicht mehr zum Zuge kommt. Vorteile bieten die Lehrfilme in der Materialaufbereitung und der Entlastung der Lehrperson. Der Lehrer sollte...

- ... darauf achten, dass die Lernvoraussetzungen anhand des Filmmaterial deutlich erkennbar sind, in ihrer Relation übereinstimmen und der Film nicht zu stark von der eigentlichen Thematik abschweift
- ... dass die Filme - d.h. die „[...] tiefgefrorene[n] Ziel-, Inhalts- und Methodenentscheidungen [...] durch das methodische Handeln des Lehrers und der Schüler aufgetaut werden, um einen Beitrag zum Lernerfolg bringen zu können." [55]

---

[55] Meyer, UnterrichtsMethoden II: Praxisband, S. 140

3. Kategorie:

„Der erfahrend-informierende (Unterrichts-) Einstieg"

Diese Kategorie der (Unterrichts-) Einstiege zielt nicht nur auf die alleinige Informationsdarbietung (mündlich, schriftlich oder bildlich) des neuen Themas, sondern auf die Selbsterfahrung der Schülerinnen und Schüler, die durch den handelnden Umgang mit der Thematik Erfahrungen für das Neue sammeln sollen. Hierzu dienen Beispiele, bei denen die Schülerinnen und Schüler in die Themenerschließung durch ihr eigeninitiatives Handeln mit eingebunden, allerdings aber auch stark vom Lehrer gelenkt werden.

Beispiele:

• Die Konstruktion eines Widerspruchs

Aufgrund fehlender Vorkenntnisse in Bezug auf das neue Thema kann der Lehrer einen Widerspruch konstruieren, der sich für die Schülerinnen und Schüler nicht sofort als lösbar erweist. Mit deren Neugierde nutzt der Lehrer diesen (Unterrichts-) Einstieg, um das neue Thema in den Fragehorizont der Schülerinnen und Schüler zu positionieren. Der Lehrer sollte...

• ... darauf achten, dass der Widerspruch nicht zu weit hergeholt ist und die Schülerinnen und Schüler die Möglichkeit haben, die Thematik zu erschließen

• Das Verrätseln

Den (Unterrichts-) Einstieg mit einem Rätsel zu beginnen, bringt nicht nur Spaß auf Seiten der Schülerinnen und Schüler, sondern auch auf der Lehrerseite. Der Lehrer sollte...

• ... darauf achten, dass das Rätsel lehrreich und nicht „lehrarm" ist

• Das Verfremden

„Verfremdung ist nur dort möglich, wo etwas vertraut, lieb und alt bekannt ist." [56] Hat die Lehrperson vor, den (Unterrichts-) Einstieg mit einer Verfremdung einzuläuten, so muss sie sich darüber im

---

[56] **Meyer**, *UnterrichtsMethoden II: Praxisband*, S. 141

Klaren sein, dass das, was verfremdet wird, den Schülerinnen und Schüler aus ihren Alltagserfahrungen - bzgl. deren Deutung und Klischee - bekannt sein muss. Etwas Neues zu verfremden „[...] ist unökonomisch oder sogar unmöglich." [57] Das heißt, dass es regelrecht keinen Sinn macht. Der Lehrer sollte...

* ... darauf achten, dass das, was er verfremdet, in der Alltagsbedeutung der Schülerinnen und Schüler bereits bekannt ist

* Die Provokation

Die Provokation gehört mitunter zum Bereich der Verfremdung - sie ist eine Variante davon. Ziel hierbei ist es, nicht bereits Bekanntes - d.h. eine Sache, Thematik oder einen Gegenstand - sondern die Schülerinnen und Schüler selbst zu verfremden. Der Lehrer sollte...

* ... darauf achten, dass er bei der Provokation den Schülerinnen und Schülern glaubhaft entgegentritt

* Das Bluffen und Täuschen

Steigert man den (Unterrichts-) Einstieg der Provokation auf riskante Weise auf die Spitze des möglich Machbaren, so lässt sich dies als eine Art Reinlegen der Schülerinnen und Schüler unter Einbezug der Absicht bezeichnen. Ähnlich wie bei der Denkzettel-Methode, geht man hier „gegen" die Schülerinnen und Schüler vor. Das sollte jedoch nicht wie vielleicht gedacht in einem ernsthaften Streit, sondern einem Erlebnis „ausatmen". Risikoreich und riskant ist dieser (Unterrichts-) Einstieg allemal, da er mit den Gefühlen der Schülerinnen und Schüler spielt und man als Lehrer höllisch aufpassen muss, dass man die Schülerinnen und Schüler hierdurch nicht von Grund auf verärgert, sodass sie mit einer entsprechende Gegenreaktion (z.B. Lernblockierung) kontrastieren. Diesen (Unterrichts-) Einstieg gelingen zu lassen, setzt dies ein unabdingbar gutes Lehrer-Schüler-Verhältnis voraus. Der Lehrer sollte...

---

[57] **Meyer**, *UnterrichtsMethoden II: Praxisband*, S. 141

- ... darauf achten, dass dieser (Unterrichts-) Einstieg nicht nach hinten losgeht. Deshalb muss er sich langsam an die Klasse herantasten und sie zunächst mit Samthandschuhen anfassen, bevor er mit der Brechstange voranschreitet

- ... darauf achten, wie sich die Schülerinnen und Schüler während des provokanten (Unterricht-) Einstiegs verhalten und notfalls die Reißleine ziehen, sobald das Ganze ins Negative zu kippen droht

4. Kategorie:

„Der schüleraktive (Unterrichts-) Einstieg"

Die vierte und auch letzte Kategorie der (Unterrichts-) Einstiege ermöglicht den Schülerinnen und Schülern durch ihre Eigenaktivität einen selbst handelnden und erfahrungsbezogenen Umgang mit einem neuen Thema. Auch wenn der schüleraktive (Unterrichts-) Einstieg auf den ersten Blick keine beachtlich große Lehreraktivität zum Vorschein bringen vermag, so ist dem letztendlich nicht so. Der Lehrer hält nichts desto trotz *„[...] alle Fäden in der Hand [...] überrascht [...][und] überrumpelt die Schüler mit seiner Fragestellung."* [58] Andererseits gibt es auch in dieser Kategorie (Unterrichts-) Einstiege, bei denen die Gewichtung nicht allein auf die inhaltliche Lenkung des Lehrers beruht und er auch mal in den Hintergrund des Geschehens tritt.

Beispiele:

- Das Abfragen von Vorkenntnissen

Es ist nicht schwer zu erkennen, dass das stupide Abfragen von Vorkenntnissen und -wissen die für die Schülerinnen und Schüler als langweiligste Methode aller (Unterrichts-) Einstiege zählt. Hierbei unterstützt der Lehrer die Schülerinnen und Schüler, indem er die von ihnen erfragten Vorkenntnisse stichwortartig auf der Tafel oder Overheadfolie festpinnt. So viel Motivation wie dies für die Schülerinnen und Schülern an den Tag legt, ist demnach auch die Vorbereitung auf Seite der Lehrperson zu vergleichen - nämlich nahezu unauffindbar. Der Lehrer sollte...

---

[58] **Meyer**, *UnterrichtsMethoden II: Praxisband*, S. 144

- ... darauf achten, dass beim Einsatz dieser Methode alle Schülerinnen und Schüler zu Wort kommen und deren Antworten nicht bereits durch an der Tafel vorfindliche Informationen oder geäußerte Kommentare anderer Schülerinnen und Schüler gemindert bis ganz gehemmt werden

- Das Karteikarten-Spiel

Das Karteikarten-Spiel verläuft nahezu deckungsgleich wie das Abfragen von Vorkenntnissen. Der einzig signifikante Unterschied zum Abfragen von Vorkenntnissen liegt darin, dass die genannten Schwierigkeiten vermieden werden. Das geschieht dadurch, dass der Lehrer an jede Schülerin und jeden Schüler eine leere Karteikarte verteilt, auf die sie ihre eigene Meinung (und nicht die des Nachbarn), Vorkenntnisse oder auch Wissenswertes zum Thema schreiben sollen. Im Anschluss daran bringt jeder Schüler seine Karte nach vorne an die Tafel, um sie dort anzubringen und gemeinsam mit dem Lehrer oder allein in die Systematik (z.B. Pro, Contra) der Tafelkonstellation einzuordnen und ggf. kurz zu präsentieren. Der Lehrer sollte...

- ... darauf achten, dass beim Einsatz dieser Methode alle Schülerinnen und Schüler zu Wort kommen und deren Antworten nicht bereits durch an der Tafel vorfindliche Informationen oder geäußerte Kommentare anderer Schülerinnen und Schüler gemindert bis ganz gehemmt werden

- Die Themenzentrierte Selbstdarstellung

Je nach Themenwahl und -formulierung muss man davon ausgehen, dass die Schülerinnen und Schüler schon vor Beginn der Unterrichtsarbeit eine einerseits mehr oder andererseits weniger differenzierte - d.h. positive wie auch negative - Einstellung zum Thema innehalten. Für das Gelingen dieser Methode ist es wichtig, dass diese thematische Einstellung in ihrer reinen Neutralität auf den Tisch kommt und ebenso gehandhabt wird, um mit ihr unvoreingenommen arbeiten zu können - *„dazu dient die themenzentrierte Selbstdarstellung."* [59] Der Lehrer sollte...

- ... darauf achten, dass die subjektive Sichtweise auf das neue Thema die objektive Sichtweise verdrängt und sich vor sie in den Vordergrund stellt
- ... darauf achten, dass einzelne Schülerinnen oder Schüler nicht durch ihre Äußerungen (vor allem persönliche Stellungnahmen) zu einem Thema kritisiert oder vor der versammelten Klasse lächerlich gemacht werden. Hierzu muss der Lehrer eine jede Äußerung auf Seiten der Schülerinnen und Schüler ernst nehmen sowie konstruktiv aufnehmen

- Das Vergleichen und Kontrastieren

Wie wir bereits wissen, ist für die Schülerinnen und Schüler nichts demotivierender als ein leeres weißes Blatt Papier. Aber um vergleichen und kontrastieren zu können, müssen die Schülerinnen und Schüler ansprechende und vielseitiges Materialien zum Gegenüberstellen und Vergleichen haben. Erst hieran können sie am Material selbst *„[...] ihre eigenen Vorlieben, Interessen und Fragestellungen entwickeln [...]"* [60] Der Lehrer sollte...

- ... darauf achten, dass die mitgebrachten Materialien durchdacht ausgewählt sind und zum Teil auf Vorwissen der Schülerinnen und Schüler zurückgreifen, aber andererseits das vom Lehrer angedachte Themenspektrum abdecken

- Das Sortieren, Auswählen und Entscheiden

Das Sortieren, Auswählen und Entscheiden stellt für den Lehrer wie auch für die Schülerinnen und Schüler eine anspruchsvolle Methode eines (Unterricht-) Einstiegs dar. So einfach wie es klingt, in eine vom Lehrer geschaffene Unordnung Ordnung hereinzubringen, ist es keineswegs. Die Schülerinnen und Schüler müssen bei dieser Sortieraufgabe vernetzt denken und entscheidungsfreudig handeln

---

[59] **Meyer**, *UnterrichtsMethoden II: Praxisband*, S. 145
[60] ebd., S. 146

können - natürlich nicht unter Verzicht des durchdachten
Auswählens ihrer Vorgangsweise. Der Lehrer sollte...

- ... darauf achten, dass die Sortieraufgabe die Schülerinnen und
  Schüler nicht überfordert und vor ein unüberwindbares Problem
  stellt

5. Kategorie:
„Der verfrühte oder vorweggenommene (Unterrichts-) Einstieg"

Der verfrühte oder vorweggenommene (Unterrichts-) Einstieg basiert allein auf
der zeitlichen Auf-, Einteilung und Herangehensweise an das neue Thema. Hierbei
kann der für das Thema entscheidende (Unterrichts-) Einstieg schon einige Zeit
vorher stattfinden, bevor das eigentliche Thema überhaupt aufgegriffen und
begonnen wird. *„Gelegentliche Vorwegnahmen und Verfrühungen [...] machen
den Unterricht lebendig und perspektivenreich."* [61]

Beispiele:

- Die Programmvorschau
  Ähnlich wie ein Fernsehprogrammheft dient die sog.
  Programmvorschau im unterrichtlichen Geschehen. Sie informiert
  die Schülerinnen und Schüler über das von der Lehrperson geplante
  Vorgehen der nächsten Zeit (Wochen, Monate). So wissen die
  Schülerinnen und Schüler genau, was sie in der kommenden Zeit
  erwartet. Das bietet ihnen demnach auch die Möglichkeit - wie auf
  die Abkündigung einer Klassenarbeit - sich intensiv im Vorfeld
  darauf vorzubereiten, zu informieren und ggf. Materialien zu
  sammeln, um sie dann gezielt in das unterrichtliche Geschehen mit
  einzubringen. Der Lehrer sollte...

- ... darauf achten, dass er hierbei den Schülerinnen und Schülern
  nicht zu viel Informationen vorgibt, sodass das Interesse bei ggf.
  Unterthemen, die einzelnen Schülerinnen und Schülern missfallen

---

Vgl. **Meyer**, 1968

könnten, abflacht. Demzufolge gilt auch hier: Anreize schaffen und das Interesse wecken

- Die Vorwegnahme

Ähnlich wie bei der Programmvorschau wird der (Unterrichts-) Einstieg der Vorwegnahme gehandhabt. Hierbei eröffnet die Lehrperson einen komprimierten Informationsüberblick über das Thema und gibt diesen den Schülerinnen und Schüler wenige Tage vor Themeneinführung in die Hand. Der Lehrer sollte...

- ... darauf achten, dass er den Informationsüberblick für die Schülerinnen und Schüler interessant gestaltet, sodass sie dem eigentlichen Themenbeginn mit einem großen Maß an Motivation entgegensehen

- Die Themenbörse

Wie der „beste Freund" der Studenten - lediglich nur in einen anderen Namen gehüllt - verfährt die sog. Themenbörse, ähnlich wie die „Referat-Vorlesungen / -Seminare" an Hochschulen, nun eben im Klassenzimmer. Die Lehrperson erleichtert sich das Leben, indem sie den Schülerinnen und Schülern Referate oder größere Ausarbeitungen in schriftlicher Form verteilt. Die jeweiligen Themen können z.B. auf Karten im Klassenzimmer aufgehängt werden, von denen sich die Schülerinnen und Schüler in aller Ruhe für eines entscheiden können. Einzel-, Partner oder Gruppenarbeit ist selbstverständlich möglich. Der Lehrer sollte...

- ... darauf achten, dass die Auswahl der Themen für die Schülerinnen und Schüler ansprechend und von ihrem Pensum machbar ist und nicht das unmöglich Machbare übersteigen

- Die Schnupperstunde

Viele Schulbücher lassen den Lehrerinnen und Lehrern mehr oder minder gestalterische Freiräume, in denen sie der Klasse neue Themen vorstellen und aufzeigen können. Der (Unterrichts-) Einstieg der Schnupperstunde dient demnach dem

Hineinschnuppern in ein neues Themengebiet, das von Seiten der Lehrperson vorgestellt wird. Abschließend werden die Schülerinnen und Schüler eine Auswahl des sie am meisten interessierenden Themas äußern. Der Lehrer sollte...

- ... darauf achten, dass die Schnupperstunde methodisch vielfältig gestaltet wird und mehrere Zugänge zulässt

- ... darauf achten, dass je nach Alter der Schülerinnen und Schüler der Zugang zu einem neuen Thema entweder eine rein verbale oder zusätzlich anschaulich erfolgt

- Der völlige Verzicht auf den (Unterrichts-) Einstieg

Ein völliger Verzicht auf einen (Unterrichts-) Einstieg - wie hier auf den letzten Seiten erwähnt - ist selbstverständlich auch legitim. Genauso ist es zulässig, auf eine lehrerzentrierte Einstiegsphase völlig zu verzichten und die Schülerinnen und Schüler in den Mittelpunkt des Geschehens zu stellen, wie es bereits an einigen Beispielen verdeutlicht wurde. Der Lehrer sollte...

- ... auf einen (Unterrichts-) Einstieg verzichten, wenn die Schülerinnen und Schüler schon vor Unterrichtsbeginn Feuer und Flamme mit dem eigentlichen Unterrichtsthema sind. In diesem Fall ist eine zusätzliche Motivationsphase nicht erforderlich und zudem zeitraubend

Selbstverständlich ist diese Einteilung der (Unterricht-) Einstiegs-Kategorien weder vollständig noch abgeschlossen. Im Laufe der Zeit entwickelten und entwickeln Pädagogen immer wieder neue Möglichkeiten den (Unterrichts-) Einstieg zu gestalten. Andere hingegen knüpfen an diese Ideen an, ändern lediglich ihre Betitelung, lassen aber deren Inhalt quasi unberührt.

- ## 5. Schlusswort

Abschließend bleibt noch zusagen, dass der (Unterrichts-) Einstieg aus meiner Sicht einen unverzichtbaren Anteil - auch wenn er nur die ersten Minuten einer Unterrichtsstunde tangiert - in jedem unterrichtlichen Geschehen einer „guten" Lehrerin / eines „guten" Lehrers verdient hat. Er bildet die Ausgangsbasis und das alleinige Sprungbrett, um in erfolgreiche fünfundvierzig Minuten Unterricht einzutauchen, wenn er im Vorfeld durchdacht, in seiner Durchführung schülerorientiert und im Nachhinein gewinnbringend für beide Seiten - Lehrer wie Schüler - ist!

- ## 6. Literaturverzeichnis

6.1 Genutzte Literatur

Greving, Johannes und **Paradies Liane**, *Unterrichts-Einstiege: Ein Studien- und Praxisbuch*, Berlin: Cornelsen Verlag Scriptor GmbH & Co. KG, 2005 (Orig. 1996)

Meyer, Hilbert, *Leitfaden Unterrichtsvorbereitung*, Berlin: Cornelsen Verlag Scriptor GmbH & Co. KG, 2007 (Orig. 1980)

Meyer, Hilbert, *UnterrichtsMethoden I: Theorieband*, Berlin: Cornelsen Verlag Scriptor GmbH & Co. KG, 2006 (Orig. 1987)

Meyer, Hilbert, *UnterrichtsMethoden II: Praxisband*, Berlin: Cornelsen Verlag Scriptor GmbH & Co. KG, 2005 (Orig. 1987)

6.2 Weiterführende Literatur

Geißler, Karlheinz A., *Anfangssituationen: Was man tun und besser lassen sollte*, Weinheim und Basel: Beltz Verlag, 1991 (Orig. 1989)

Lambrecht, Ludwig, *Gestaltung des Unterrichtsbeginn in der Grundschule*, Puchheim: PB-Verlag, 1994 (Orig. 1994)

Witzenbacher, Kurt, *Praxis der Unterrichtsplanung*, München: R. Oldenburg Verlag GmbH, 1994 (Orig. 1994)

BEI GRIN MACHT SICH IHR
WISSEN BEZAHLT

- Wir veröffentlichen Ihre Hausarbeit,
  Bachelor- und Masterarbeit

- Ihr eigenes eBook und Buch -
  weltweit in allen wichtigen Shops

- Verdienen Sie an jedem Verkauf

Jetzt bei www.GRIN.com hochladen
und kostenlos publizieren